FORSCHUNGSBERICHTE DES LANDES NORDRHEIN-WESTFALEN

Nr. 2194

Herausgegeben im Auftrage des Ministerpräsidenten Heinz Kühn
und des Ministers für Wissenschaft und Forschung Johannes Rau
von Leo Brandt

Prof. Dr. phil. Dr. techn. Ludvik Žagar
Dipl.-Ing. Peter Unger

Institut für Gesteinshüttenkunde der Rhein.-Westf. Techn. Hochschule Aachen

Untersuchung über die spezifische Oberfläche von Glasgrießen

WESTDEUTSCHER VERLAG · OPLADEN 1971

ISBN-13: 978-3-531-02194-2   e-ISBN-13: 978-3-322-88326-1
DOI: 10.1007/978-3-322-88326-1

Gesamtherstellung: Westdeutscher Verlag

Inhalt

Einleitung und Problemstellung

Glasgrieße werden neben ihrer technischen Verwendung als Ausgangsmaterial für Glaskugeln (Ballotini) und Filter vielfach als Untersuchungsmaterial für Glas verwendet. Grieß wird dann als Probenform gebraucht, wenn die Untersuchungsmethode an ganzen Glaskörpern oder großen kompakten Glasstücken nicht zu meßbaren Effekten führt oder zu zeitraubend und aufwendig wird. Als Beispiele für derartige Untersuchungen seien genannt: Sintern von Glasgrießen, um den Sintervorgang zu studieren; Untersuchung der Widerstandsfähigkeit von Glas gegen Wasserauslaugung [1]; Untersuchung der ausgelaugten Produkte, um Aufschlüsse über die Vorgänge beim Auslaugungsprozeß selber zu erhalten.

Für die rein vergleichende Untersuchung könnte man es noch hinnehmen, daß ohne weiteres vorausgesetzt wird, alle Glasgrieße einer bestimmten Körnung hätten eine gleiche Oberfläche. Für weitergehende Untersuchungen ist die Kentnnis von der Oberfläche des verwendeten Glasgrießes notwendig.

Es besteht daher ein zwingendes Interesse, die Oberfläche derartiger Glasgrieße direkt zu messen und die zur Untersuchung verwendeten Grieße mit Hilfe statistischer Daten näher zu beschreiben.

1. Untersuchungsplan

Von den in der Arbeit ŽAGAR/ARLT [2] untersuchten 25 Gläsern sollten vier ausgewählt werden, deren Wasserbeständigkeit eine ihrer wichtigsten Gebrauchseigenschaften darstellt. Es wurden zur Untersuchung folgende vier Gläser herangezogen: ein Spiegelglas, ein Flaschenglas weiß, ein Kristallglas und ein Geräteglas.

Da diese Gläser bisher nur in der Fraktion 33–63 µm untersucht worden waren und da nicht sicher war, daß mit den zur Verfügung stehenden Labormitteln eine Oberfläche in der Größenordnung von 200 cm^2/g und darunter reproduzierbar zu messen war, wurde eine Reihe von ansteigenden Fraktionen gewählt, um schrittweise an die Fraktion 315–500 µm heranzukommen. Gleichzeitig sollte mit Hilfe einer Reihe von größerwerdenden Fraktionen geklärt werden, ob die früher geäußerte Vermutung zutraf, daß bei gröberen Fraktionen die Unterschiede in der Oberflächenbeschaffenheit (Rauhigkeit) oder die physikalisch-chemische Beschaffenheit (unterschiedliche Adsorption) stärker ausgeprägt seien als bei der bisher untersuchten feinen Fraktion.

Als kleinste Fraktion wurde 63–90 µm gewählt, um eine Fraktion mit engen Siebgrenzen direkt an die bisher untersuchte anschließen zu lassen. Dann wurden die von der ISO vorgeschlagenen Standardsiebgewebe als Fraktionsgrenzen herangezogen [3]; als gröbste Fraktion war 315–500 µm vorgesehen. Folgende Fraktionen waren also in Anlehnung an die Herstellungsvorschrift [1] herzustellen:

    63– 90 µm
    90–125 µm
   125–250 µm
   250–500 µm
   315–500 µm

An diesen Grießen sollte bestimmt werden: die spezifische Oberfläche, die granulometrische Analyse und die Teilchenzahl pro Gramm. Zur Messung der kleinen spezifischen Oberflächen war es notwendig, eine besondere Adsorptionsapparatur zu entwickeln.

2. Literatur zur adsorptiven Bestimmung kleiner Oberflächen

Zur Literatur der Auswahl und Herstellung von Glasgrießen sei hier auf die Arbeit von ŽAGAR/KRAUSE [4] verwiesen, die auf eine Reihe von Veröffentlichungen eingeht, welche später zur Standard-Grießmethode der DGG [5] und weiter zum Grieß-Titrationsverfahren nach DIN 12111 führten.

Es soll auch nicht näher auf die inzwischen umfangreiche Literatur zur Oberflächenmessung mittels Gasadsorption seit ihrer Entwicklung durch BRUNAUER, EMMETT und TELLER [6] eingegangen werden.

Es sei hier auf die Literaturübersicht bis 1953 von MOLL [7] und auf das Buch (1967) von SING und GREGG [8] verwiesen.

Die Literaturübersicht und die einzelnen Arbeiten zeigen, daß für Oberflächenmessungen unterhalb 1 m²/g die Stickstoffadsorption nur bedingt verwendbar ist, wenn man von dem in letzter Zeit entwickelten gaschromatischen Verfahren [9–13] absieht.

Für Oberflächenmessungen im Bereich zwischen 100 und 1000 cm²/g haben sich bewährt:

1. Die Butan- und Äthylenadsorption nach WOOTEN und BROWN [14].
2. Die Edelgasadsorption mittels Krypton nach BEEBE, BECKWITH und HONIG [15] und eine Variante der Edelgasadsorption, die mit radioaktiven Edelgasen (Kr, Xe) arbeitet [16, 17].

Die Kryptonadsorption ist von diesen Methoden mit Labormitteln am einfachsten durchzuführen. Seit ihrer Entwicklung ist sie vielfach angewandt worden [18–30]. Weitere Arbeiten befassen sich mit bei Verwendung von Krypton entstehenden Problemen, der Dampfdruckmessung, Wahl des Sättigungsdruckes von Krypton und der Größe der Thermodiffusion bei der Druckmessung [31–40]. Zusammenfassend kann man zu den teilweise widersprüchlichen Angaben in der Literatur sagen, daß die Oberflächenmessung mit Hilfe der Kryptonadsorption grundsätzlich anwendbar ist. Sie führt dann zu guten Ergebnissen, wenn gleichzeitig einige Vergleichsproben mit Stickstoff gemessen werden können, da die Oberflächenbestimmung mit Stickstoffadsorption heute eine Standardmethode darstellt, bei der die Parameter wie Platzbedarf einer Gasmolekel und Sättigungsdruck feststehen.

3. Experimenteller Teil

3.1 Entwicklung der Adsorptionsapparatur

3.1.1 Aufbau der Apparatur

Den schematischen Aufbau einer volumetrischen Meßapparatur zeigt Abb. 1. Das Funktionsprinzip ist nachfolgend kurz beschrieben: Ein Manometerraum von bekanntem Volumen enthält eine bestimmte Menge Gas, gekennzeichnet durch Druck, Volumen und Temperatur. Öffnet man die Verbindung zum evakuierten Probengefäß, so tritt ein Druckabfall durch die Volumenvergrößerung auf. Ein weiterer Druckabfall wird durch Adsorption an der Probe hervorgerufen. Aus der Druckdifferenz zwischen einem Versuch mit leerem Probengefäß und einem Versuch mit Probe läßt sich die adsorbierte Gasmenge berechnen. Damit die adsorbierte Gasmenge zu meßbaren Druckdifferenzen führt, wird bei Siedetemperatur des Meßgases oder unterhalb dieser Temperatur gearbeitet.

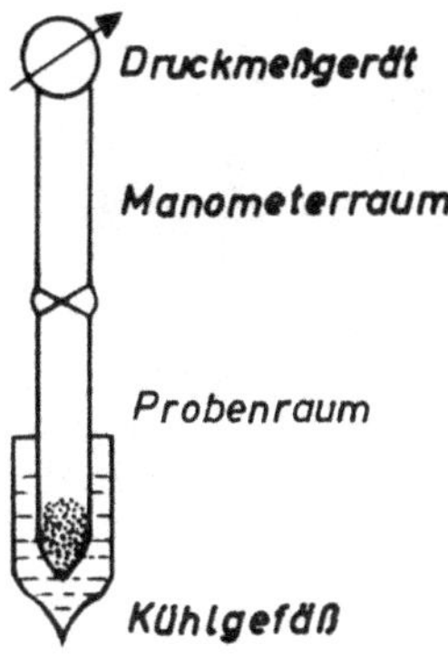

Abb. 1   Funktionsskizze zur volumetrischen Meßmethode

Abb. 2 zeigt die nach diesem Prinzip erstellte Apparatur. Sie besteht im wesentlichen aus dem Manometerraum, der durch drei Absperrungen und die elektrische Druckmeßröhre gebildet wird, und dem Probenraum. Der Manometerraum wurde vor dem Anbau der übrigen Teile mit Wasser ausgelitert und sein Volumen bei 20°C zu 84,01 cm³ $\pm$ 0,08 $\triangleq$ 0,09% bestimmt.

Auf der linken Seite befindet sich der Anschluß zum Pumpsystem, auf der rechten Seite sind die Anschlüsse zum Gasvorrat und den Hilfsgeräten zur Eichung der elektrischen Druckanzeige angebracht. Der dritte Hahn schließt das Probengefäß gegen den Manometerraum ab. Mit Hilfe einer Markierung wurde die Eintauchtiefe des Probengefäßes im flüssigen Stickstoff konstant gehalten; der Manometerraum wurde mit Hilfe einer thermostatisierten Umhüllung auf konstanter Raumtemperatur gehalten. – Als Druckmeßgerät wurde ein thermoelektrisches Vakuummeter der Fa. Pfeiffer verwendet. Dieses wurde mit Hilfe eines McLeods (Meßbereich 0,0001–1,70 Torr) und eines U-Rohr-Manometers für Helium und Krypton geeicht. Abb. 3 zeigt die Eichkurven für Krypton und Helium.

Bei mehreren Durchläufen der Eichkurve streuten die Meßpunkte nicht über die Strichdicke. Mit Hilfe dieser Eichkurve und eines Schreibers, der die Ablesegenauigkeit erhöhte, war eine genaue Druckmessung möglich. Die Abweichung betrug $\pm$ 2% im ungünstigsten Fall, bedingt durch das zur Eichung verwendete McLeod. Als Meßgas wurde »Krypton reinst« der Fa. Linde verwendet.

Abb. 2 Kryptonadsorptionsapparatur

1	Meßröhre	5	Ausheizofen
2	Manometerraum	6	Pumpstutzen
3	Probengefäß	7	Anschluß zum McLeod
4	Kryptonvorrat		

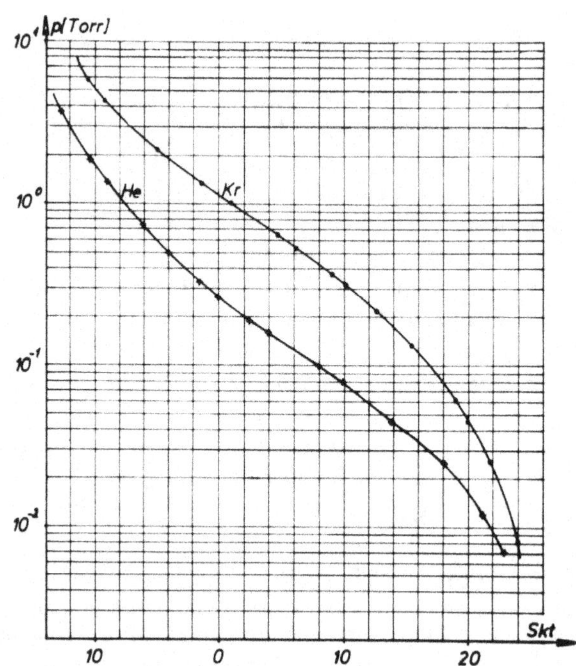

Abb. 3 Krypton- und Heliumeichkurve des Druckmeßgerätes

3.1.2 Bestimmung der Gasmenge im leeren Probengefäß bei Versuchsbedingungen

Zur Ermittlung der adsorbierten Gasmenge muß zuerst die Gasmenge bestimmt werden, die bei Versuchsbedingungen sich im leeren Probengefäß befindet.
Zu Beginn sind der Manometerraum und das leere Probengefäß evakuiert. Das Probengefäß ist bis zur Markierung in flüssigen Stickstoff eingetaucht. Die Verbindung zum Gasvorrat wird geöffnet und ein Druck p_1 im Manometerraum eingestellt. In diesem befindet sich jetzt die Gasmenge (in Mol):

$$n_1 = \frac{p_1 \cdot v_m}{R \cdot T}$$

v_m = Volumen des Manometerraumes

R = Gaskonstante in $\dfrac{\text{Torr} \cdot \text{cm}^3}{\text{Mol} \cdot \text{Grad}}$

T = Temperatur des Manometerraums in °K

Öffnet man den Hahn zum Probengefäß, so sinkt der Druck auf p_1'. Im Manometerraum befindet sich die Gasmenge

$$n_1' = \frac{p_1' \cdot v_m}{R \cdot T}$$

Die Differenz zwischen beiden Gasmengen befindet sich im Probenraum

$$n_{x1} = \frac{p_1 - p_1'}{R \cdot T} \cdot v_m$$

n_x = Gasmenge im leeren Probengefäß

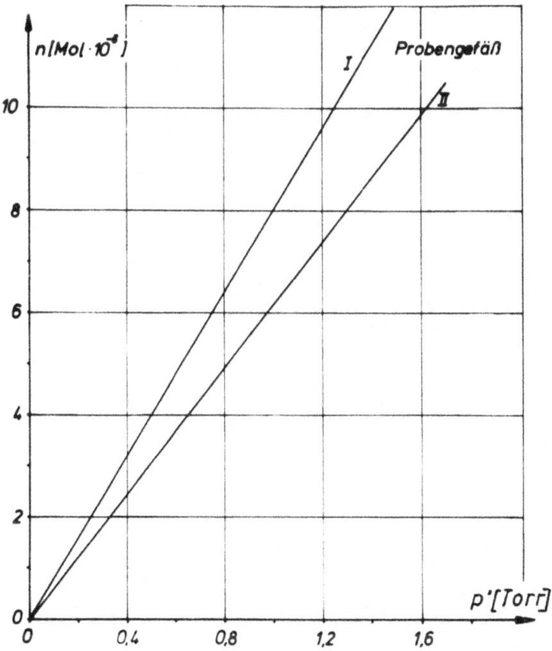

Abb. 4   Kryptonmenge im leeren Probengefäß unter Versuchsbedingungen

Beim nächsten Schritt wird der Druck p_2 im Manometerraum eingestellt; nach dem Druckausgleich ist er auf p_2' gesunken. Im Probenraum befindet sich nun die Menge

$$n_{x2} = \frac{p_2 - p_2'}{R \cdot T} + v_m + n_{x1}$$

Fährt man so fort und trägt die ermittelten n_{xi} gegen die p_i' auf, so ergibt sich eine Gerade, die die Abhängigkeit der Kryptonmenge vom Gleichgewichtsdruck im Probenraum unter Versuchsbedingungen enthält; sämtliche Wärmeübergangserscheinungen, eventuelle Adsorption am Hahnfett und die Volumenvergrößerung sind hierin berücksichtigt. Abb. 4 zeigt die so gestimmten Geraden für die verwendeten Probengefäße.

Für Probengefäß I ergibt sich $n_x = 8,10 \cdot p'$ (Mol $\cdot 10^{-6}$)

Für Probengefäß II ergibt sich $n_x = 6,20 \cdot p'$ (Mol $\cdot 10^{-6}$)

3.1.3 Berechnung der adsorbierten Gasmenge

Führt man für ein mit Grieß gefülltes Probengefäß den gleichen Versuch durch wie vorstehend beschrieben, so ist bei einem beliebigen Gleichgewichtsdruck p_i' die an der Probe adsorbierte Menge:

$$n_{\mathrm{ad}} = \frac{p_i - p_i'}{R \cdot T} \cdot v_m - (n_{xp_i'} - n_0)$$

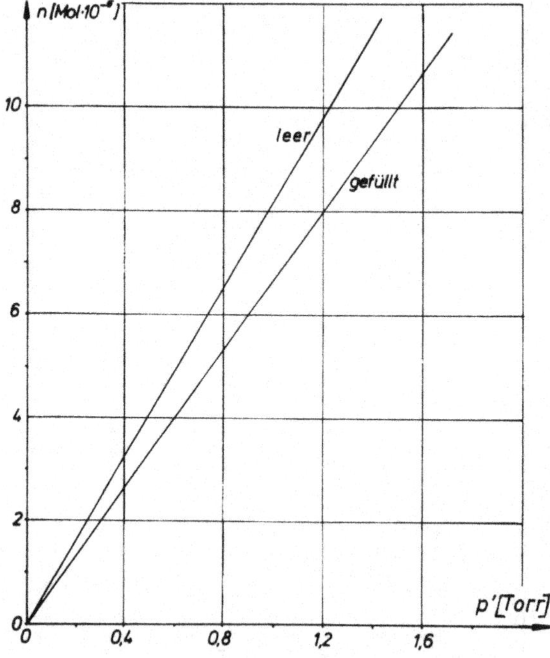

Abb. 5   Heliummenge im leeren und gefüllten Probengefäß unter Versuchsbedingungen

Ein Berechnungsbeispiel ist auf Seite 13 angeführt. n_0 stellt die Korrektur dar für die vom Probenvolumen verdrängte Gasmenge, welche die Druckmessung im Manometerraum beeinflußt. n_0 kann berechnet werden nach:

$$n_0 = \frac{p'_i \cdot v_e}{R \cdot T_p}$$

v_e = Volumen der Probe
T_p = Temperatur im Probenraum

Zur Kontrolle wurden Versuche mit Helium durchgeführt. Da Helium bei der Temperatur des flüssigen Stickstoffs nicht adsorbiert wird, ist eine Bestimmung des verdrängten Gasvolumens möglich. In gleicher Weise wie für Krypton wurden für Helium Versuche mit dem leeren Probengefäß gefahren. Dann wurde ein Probengefäß mit der größten Einwaage der Fraktion 0,315–0,5 mm gefüllt und die Messung mit Helium wiederholt. Abb. 5 zeigt das Ergebnis dieser Messungen. Die Differenz zwischen beiden Geraden stellt die vom Probenvolumen verdrängte Gasmenge dar. Die Einwaage betrug 24,923 g mit einer Dichte von 2,524 g/cm³.
Eine Rückrechnung auf die Temperatur ergab für das verdrängte Gasvolumen eine Temperatur von 82°K statt 77,5°K des verwendeten flüssigen Stickstoffs. Bei Berücksichtigung dieser Temperatur für die Berechnung von n_0 ergab sich, daß der resultierende Wert der spezifischen Oberfläche innerhalb der Reproduzierbarkeit lag. Aus diesem Grunde wurde von weiteren Heliummessungen mit geringeren Einwaagen abgesehen und die Temperatur des flüssigen Stickstoffs in die Formel für die Volumenkorrektur der Einwaage eingesetzt.

3.1.4 Berechnung der spezifischen Oberfläche

Aus den berechneten adsorbierten Kryptonmengen und den gemessenen Gleichgewichtsdrucken wurde auf die übliche BET-Form (nach BRUNAUER, EMMETT und TELLER [6]) umgerechnet. Hierbei wird die Adsorptionsisotherme (Abb. 6, S. 12) im Bereich 0,05–0,3 p'/p_s in eine Gerade übergeführt, wenn man $p'/n_{ad} \cdot (p_s - p')$ gegen den relativen Druck p'/p_s aufträgt (Abb. 7, S. 12).
Als Sättigungsdampfdruck für Krypton wurde nach dem Vorschlag von HAUL [22] der experimentell ermittelte Dampfdruck des festen Kryptons als p_s eingesetzt. Der Platzbedarfswert (= Querschnitt) eines Kryptonatoms wurde nach dem von KNOLL [25] ermittelten Wert zu 22,8 Å² angenommen.
Von der bei der BET-Auftragung resultierenden Geraden wird das Steigungsmaß b und der Ordinatenabschnitt a bestimmt. Die monomolekulare Bedeckung der Probe n_m ergibt sich aus

$$n_m = \frac{1}{a + b}$$

Die Adsorptionskonstante C, die ein Maß für die Stärke ist, mit der die Kryptonatome an der Glasoberfläche festgehalten werden, kann nach

$$C = \frac{a + b}{a}$$

berechnet werden.

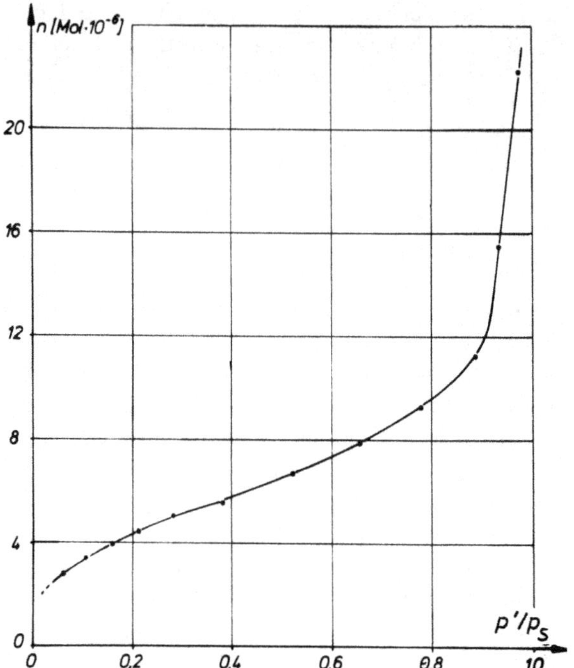

Abb. 6   Kryptonadsorptionsisotherme eines Glasgrießes

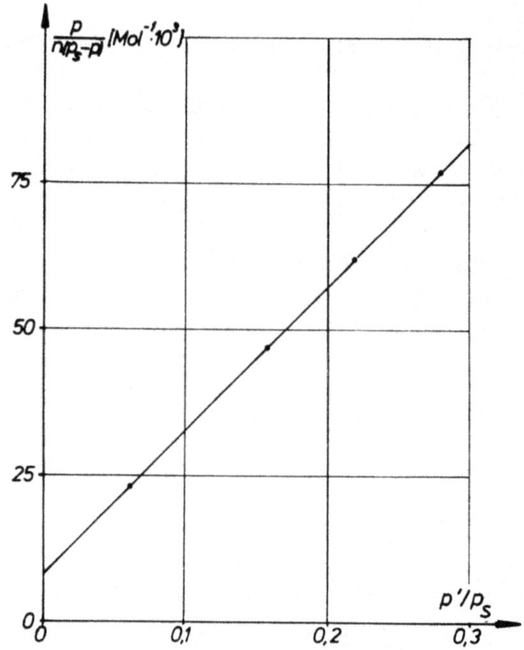

Abb. 7   BET – Gerade der Isotherme von Abb. 6

$a\ =\ 8$
$b\ =\ 246,6$
$S_g =\ 450\ \text{cm}^2/\text{g}$

Aus der monomolekularen Bedeckung n_m kann mit Hilfe der Loschmidtschen Zahl und dem Platzbedarfswert die spezifische Oberfläche berechnet werden.

$$S_g = n_m \cdot N_1 \cdot \sigma_{Kr} \cdot 10^{-16} \cdot \frac{1}{E}$$

N_1 = Loschmidtsche Zahl
σ_{Kr} = Platzbedarfswert eines Kr-Atoms
E = Einwaage

Die Berechnung der aufgetragenen Werte ist aus dem Berechnungsbeispiel (Tab. 1) ersichtlich.

Tab. 1 Berechnungsbeispiel
Graphische Darstellung Abb. 6 und 7

Probe:	Geräteglas 125–250 µm	Probengefäß:	II
Einwaage:	11,983 g	Sättigungsdruck:	1,80 Torr
Volumen der Einwaage:	4,945 cm³	Raumtemperatur:	20,6 °C

p	p'	n	Σn	$+ n_0$	$- n_x$	n_{ad}	p'/p_s	$\dfrac{p'}{n_{ad} \cdot (p_s - p')}$
Torr	Torr			Mol 10^{-6}				Mol$^{-1} \cdot 10^3$
0,850	0,110	3,400	3,400	0,110	0,682	2,828	0,061	23
0,405	0,190	0,987	4,387	0,194	1,178	3,403	0,105	34
0,520	0,285	1,077	5,464	0,289	1,767	3,986	0,158	47
0,625	0,395	1,054	6,618	0,403	2,449	4,472	0,219	62
0,750	0,505	1,122	7,640	0,517	3,131	5,026	0,280	77
1,010	0,690	1,466	9,106	0,705	4,278	5,533	0,383	
1,48	0,940	2,478	11,584	0,964	5,828	6,720	0,522	
1,70	1,18	2,385	13,969	1,210	7,316	7,863	0,655	
1,95	1,40	2,521	16,490	1,435	8,680	9,245	0,777	
2,25	1,60	2,979	19,469	1,640	9,920	11,189	0,888	
2,70	1,68	4,674	24,143	1,722	10,416	15,449	0,933	
3,30	1,75	7,100	31,243	1,794	10,850	22,187	0,972	

p = Anfangsdruck

p' = Gleichgewichtsdruck (Enddruck)

n = in den Probenraum gelangte Gasmenge, berechnet nach

$$n = \frac{p - p'}{R \cdot T_r} \cdot v_m$$

n_0 = von der Einwaage verdrängtes Gasvolumen

$$n_0 = \frac{p'}{R T_{N_2\,ll.}} \cdot v_e$$

n_x = Gasmenge im leeren Probengefäß

n_{ad} = $\Sigma n + n_0 - n_x$

p'/p_s = relativer Druck

v_m = Volumen des Manometerraumes

v_e = Volumen der Einwaage
(Berücksichtigung der erniedrigten Temperatur hat keinen Einfluß auf n_0)

T_r = Raumtemperatur (Temperatur des thermostatisierten Manometerraumes in °K)

$T_{N_2\,ll.}$ = Temperatur des flüssigen Stickstoffs (77,5) °K

R = Gaskonstante 62,367 · 10³ (Torr cm³/Mol Grad)

$$S_g = \frac{1}{a+b} \cdot \frac{1}{E} \cdot 6{,}023 \cdot 10^{23} \cdot 22{,}8 \cdot 10^{-16}$$

$$S_g = 137{,}32 \,\frac{10^4}{a+b} \cdot \frac{1}{E} \quad (\text{cm}^2/\text{g})$$

3.1.5 Kontrolle der Apparatur

Um die Reproduzierbarkeit der Oberflächenmessungen mit der Kryptonadsorptionsapparatur zu überprüfen, wurden Vergleichsmessungen an einem Glasgrieß der Fraktion 33–63 μm durchgeführt. Gleichzeitig sollten diese Messungen zeigen, ob die gewählten Werte für den Kryptonsättigungsdampfdruck und den Platzbedarfswert eines Kryptonatoms zu gleichen Oberflächenwerten führten wie bei der Messung mit Stickstoffadsorption.

Das gleiche Glas (Nr. 5) der früheren Untersuchung ŽAGAR/ARLT [2] wurde unter denselben Herstellungsbedingungen (Zerkleinerung, Aufgabemenge, Siebmaschine, Siebzeit) hergestellt, so daß die Reproduzierbarkeit der entstandenen Oberfläche nach ŽAGAR/ KRAUSE gegeben war [4]. Die mit Krypton ermittelten spezifischen Oberflächen zeigt Tab. 2.

Tab. 2 Spezifische Oberfläche von Spiegelglas 33–63 μm

Einwaage g	Spezifische Oberfläche cm²/g	Adsorptions- konstante
3,798	1040	25
	1090	20
	1010	46
	1060	34
3,502	1050	37
	1050	37
	1000	49
	1010	32
4,501	1000	36
	1050	36
Mittelwert	1035	
$m_{\bar{x}}$	$\pm\,1\,\%$	
m_x	$\pm\,3\,\%$	

Mit Hilfe der Stickstoffadsorption war für den gleichen Grieß eine spezifische Oberfläche von 1060 cm²/g ermittelt worden. Die Übereinstimmung ist als befriedigend anzusehen. Die Reproduzierbarkeit für die Fraktion 315–500 μm zeigt Tab. 3, S. 16.

3.2 Probenherstellung

Die ausgewählten Gläser lagen in folgender Form vor: Spiegelglas in Platten von 10 mm Stärke, Flaschenglas weiß als Flasche mit einer durchschnittlichen Wandstärke von

5 mm, Kristallglas als Vase mit 10 mm starker Wandung und Geräteglas als dicke Platte mit 25 mm Dicke. Eine Kontrolle im Polariskop ergab, daß nur im Geräteglas Restspannungen vorlagen. Diese Restspannungen wurden in Kauf genommen, da eine weitere Beseitigung zu aufwendig gewesen wäre.

Bei der Grießherstellung wurde nach DIN 12111 verfahren. Es stellte sich heraus, daß die angegebene Siebzeit nicht ausreicht, um sämtliches loses Feinkorn aus dem Siebgut zu entfernen. Es wurde daher so verfahren, daß jeder Grieß bei der abschließenden Siebung mit dem Mikroskop kontrolliert und solange weitergesiebt wurde, bis bei mehrfacher Probenahme im Siebgut kein loses Feinkorn mehr festgestellt werden konnte; dies war notwendig, weil das lose Feinkorn bei der anschließenden Waschung nicht aus dem Grieß entfernt wird.

Zur Entfernung des anhaftenden Feinkorns wurde entsprechend den früheren Untersuchungen [2, 4, 41] CCl_4 als Waschflüssigkeit verwendet. Die Proben wurden bei 110°C getrocknet und im Eksikator abgekühlt und aufbewahrt. Kontrollmessungen mit dem Grieß 33–63 µm zu Beginn der Reihenmessungen und an deren Ende zeigten keine Veränderung der Oberfläche bei dieser Lagerung.

Die verwendeten Normsiebe nach DIN 4188 hatten Gewebe aus V2A-Stahl, das sich nach den bisherigen Untersuchungen als das maßhaltigste erwiesen hat [2, 4, 28].

Die Maschen der Siebe wurden ausgemessen und ausgezählt. Die Auftragung im Wahrscheinlichkeitsnetz ergab für die Siebe folgende mittlere Maschenweiten:

57,5, 88, 120, 245, 310 und 515 µm.

Die Standardabweichung ist bis auf das Sieb 0,063 bei allen Sieben gleich. Bei dem Sieb 0,25 zeigte sich eine Abhängigkeit der Maschenweite von der Zählrichtung, d. h., es wies länglich rechteckige Maschen auf. In Abb. 8 sind die Werte für die größere Seitenlänge aufgetragen.

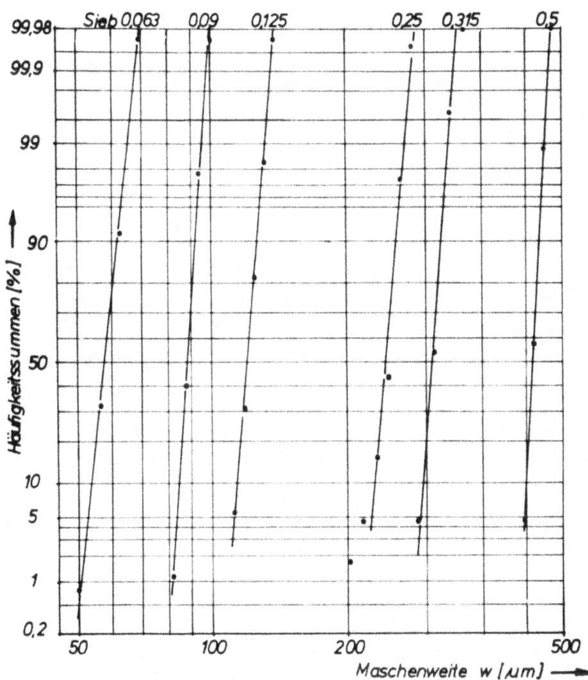

Abb. 8 Darstellung der Siebmaschen im Wahrscheinlichkeitsnetz

15

*Tab. 3 Reproduzierbarkeit der Oberflächenmessung S_v,
der Bestimmung der Teilchenzahl/cm^3 und der Korngrößenanalyse*

Messung Nr.	S_v [cm²/cm³]	$N_v \cdot 10^{-5}$ [cm⁻³]	d_g [μm]	s_g
1	365	0,207	436	1,21
2	360	0,208	455	1,23
3	350	0,219	446	1,23
4	370	0,214	450	1,21
5	355	0,217	445	1,20
Mittelwert	360	0,213	445	1,21
rel. Fehler des Mittelwertes	± 1,3%	± 1,1%	± 0,7%	± 0,4%
rel. Fehler der Einzelmessung	± 3,1%	± 2,4%	± 1,3%	± 1,0%

3.3 Bestimmung der statistischen Daten

3.3.1 Bestimmung der Teilchenzahl/Gramm

Die Bestimmung der Teilchenzahl/g wurde mit Hilfe einer Mikrowaage (Ablesemöglichkeit bis 10^{-6} g) und eines Mikroskopes mit Kreuztisch und Okularraster vorgenommen. Ausgezählt wurden jeweils 5 Einwaagen, von denen jede je nach Korngröße zwischen 200 und 800 Teilchen aufwies; als Minimum wurden also 1000 Teilchen pro Glas und Fraktion ausgezählt. Die Reproduzierbarkeit der Bestimmung an der gröbsten Fraktion zeigt Tab. 3, S. 16. Die Ergebnisse sind als Teilchenzahl/g und als Teilchenzahl/cm³ in den Tab. 7 und 8, S. 20 aufgeführt.

3.3.2 Granulometrische Analyse

Die Bestimmung der Korngrößenverteilungen wurde mit Hilfe des Endter-Zählers der Fa. Zeiss durchgeführt. Der in den bisherigen Untersuchungen [2, 4] verwendete Coulter-Counter ist für die hier untersuchten Korngrößen nicht mehr verwendbar [42]. Bei der Korngrößenbestimmung mit dem Endter-Zähler wird eine vergrößerte, transparente Aufnahme des Kornkollektivs verwendet. Mit Hilfe einer veränderlichen Blende wird auf jedes Korn ein flächengleicher Kreis eingestellt, dieses Korn dann markiert und gleichzeitig in einem der Blendenstellung entsprechenden Zählwerk gezählt. Eine ausführliche Beschreibung und ein Berechnungsbeispiel findet sich in [4].
Nach ŽAGAR [41] haben Glasgrieße eine Normalverteilung und ergeben im Wahrscheinlichkeitsnetz mit logarithmischer Merkmalsteilung eine Gerade. Bei der 50%-Häufigkeit wird der geometrisch mittlere Korndurchmesser dieser Geraden abgelesen (d_g). Aus der Steigung dieser Geraden kann die Standardabweichung oder die Dispersion (s_g) berechnet werden.

s_g wird berechnet nach

$$s_g = \frac{d_{50\%}}{d_{15,9\%}}$$

Als Beispiel ist in Abb. 9 ein Grieß der Fraktion 315–500 μm im Wahrscheinlichkeitsnetz dargestellt. Die ermittelten Daten stammen aus der Auszählung von mindestens 900

Teilchen pro Fraktion und Glas. Tab. 9 und 10, S. 20, zeigen die Ergebnisse der Auszählung mit dem Endter-Zähler.

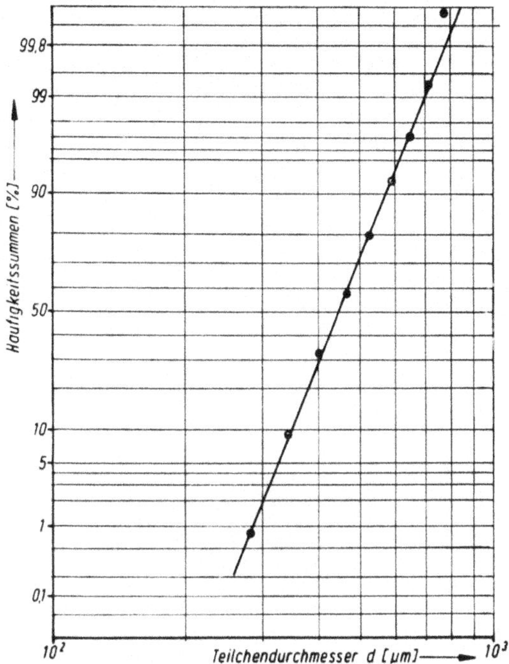

Abb. 9 Korngrößenverteilung eines Glasgrießes 315–500 µm im Wahrscheinlichkeitsnetz

3.3.3 Zusammenhang zwischen der spezifischen Oberfläche und den statistischen Daten der Korngrößenanalyse

Der Zusammenhang zwischen der Teilchenzahl/g, der Streuung der Kornverteilung s_g, dem geometrisch mittleren Korndurchmesser d_g und der spezifischen Oberfläche S_g ist durch die folgenden Beziehungen gegeben:

$$\lg S_g \cdot \varrho = \lg \frac{\alpha}{\beta} - \lg d_g - 5{,}757 \lg^2 s_g$$

$$\lg N_g \cdot \varrho = \lg \frac{1}{\beta} - \lg d_g^3 - 10{,}362 \lg^2 s_g$$

$$\frac{\alpha}{\beta} = \gamma$$

Diese Beziehungen wurden von ŽAGAR zur Beschreibung disperser Systeme [43] auf Grund der Gleichung von HATCH und CHOATE [44] verwendet und zur Kennzeichnung von Glasgrießen benutzt [41, 4].
Hierbei bedeuten ϱ die Dichte der Teilchen, α den Oberflächenfaktor, β den Volumenfaktor und γ den Kornformfaktor. Der Oberflächenfaktor α bezieht sich auf die Oberfläche der Teilchen, der Volumenfaktor β auf die Gestalt der Teilchen. Die Grenzwerte für diese Faktoren sind aus der Betrachtung kugelförmiger Teilchen abzuleiten:

Dividiert man die Oberfläche einer Kugel durch ihr Volumen

$$\frac{O_k}{V_k} = \frac{\pi \cdot d^2}{\dfrac{1}{6}\,\pi \cdot d^3}\,, \quad \text{so erhält man } S_v = 6 \cdot \frac{1}{d}$$

O_k/V_k entspricht $(S_g \cdot \varrho = S_v)$, d. h. Oberfläche pro Volumeneinheit. Weichen die Teilchen von der Kugelform ab, so müssen für den Proportionalitätsfaktor π der allgemeine Faktor α und für $\pi/6$ der allgemeine Volumenfaktor β eingeführt werden. Für den Kornformfaktor γ ergibt sich bei kugelförmigen Teilchen ein Wert von 6.

Die Abweichung des Oberflächenfaktors vom Minimalwert zeigt daher die Rauhigkeit der Teilchen an. Die Abweichung des Volumenfaktors von $\pi/6 = 0{,}523$ ist ein Maß für die Anisometrie der Teilchen.

In Tab. 12, S. 21, sind die Werte der Oberflächen-, Volumen- und Kornformfaktoren für die einzelnen Fraktionen zusammengefaßt aufgeführt.

Es bleibt noch eine Beziehung zwischen der Teilchenzahl und der spezifischen Oberfläche aufzuzeigen; da allgemein

$$S_v = \gamma' \cdot \frac{1}{d_g} \quad \text{und} \quad N_v = \frac{1}{\beta'} \cdot \frac{1}{d_g^3}$$

ist, ergibt die Gleichsetzung von d_g:

$$S_v = \gamma' \cdot \sqrt[3]{\beta'} \cdot \sqrt[3]{N_v}$$
$$S_v = f \cdot \sqrt[3]{N_v}$$

(Die hier angeführten Faktoren unterscheiden sich um den Wert $5{,}757 \lg^2 s_g$ bzw. $10{,}362 \lg^2 s_g$ von denen mit Hilfe der Gleichung nach Hatch und Choate [44] berechneten, d. h., die Streuung der Kornverteilung ist in diesen Faktoren β' und γ' nicht berücksichtigt.)

3.4 Einfluß der Grießherstellung auf die Adsorptionsoberfläche

Zu Beginn der Versuche wurde bei der Grießherstellung die Normsiebzeit von 5 Minuten eingehalten [1]. Eine spätere Kontrolle mit dem Mikroskop zeigte, daß diese Grieße noch erhebliche Anteile an losem Feinkorn enthielten. Die Oberflächenwerte dieser Grieße wurden hier nicht aufgeführt, da sie nicht als repräsentativ gelten können. Die Nachsiebung und erneute Oberflächenmessung zeigte, daß die Oberfläche dieser loses Feinkorn enthaltenden Grieße zwischen 20% (bei der Fraktion 250–500 µm) und mehr als 30% (bei 63–90 µm) über den Oberflächenwerten der feinteilfreien Grieße lag. Anhaftendes Feinkorn war in beiden Fällen durch die vorhergehende Waschung mit CCl_4 entfernt. In Tab. 4 und 5, S. 19, sind die Werte feinteilfreier Grieße zusammengestellt. Bei der Herstellung der Fraktion 315–500 µm wurde von Anfang an während der Siebung mit dem Mikroskop kontrolliert. Es ergab sich hierbei eine notwendige Siebzeit von 10 bis 12 Minuten, um einen Grieß herzustellen, der von losem Feinkorn frei war. Diese Siebzeit entspricht der in der Vornorm 12111 (1956) genannten Siebzeit von 10 Minuten.

In dieser Fraktion gehäuft auftretende Agglomerate, die beim Sieben und Waschen erhalten blieben, führten anfänglich zu Oberflächenwerten, die denen der nächstkleineren Fraktion glichen. Diese Agglomerate wurden von Hand ausgesucht. Die Entstehung dieser Teilchen ist vermutlich auf zu große Kraftanwendung bei der Zerkleinerung im Mörser zurückzuführen [45]. Ihr Verbleiben im Grieß kann zu erheblicher Erhöhung der ausgelaugten Alkalimenge führen [46]. Beim Zerfall dieser Agglomerate entstehen Teilchen von 2 µm und darunter. Nach einer Abschätzung genügen dann 5 solcher Agglomerate/g Grieß, um dessen Oberfläche um ca. 10% zu erhöhen (Extrapolation aus Abb. 11, S. 22).

3.5 Meßergebnisse

3.5.1 Kryptonadsorptionsmessungen

Tab. 4 Spezifische Oberfläche der untersuchten Grieße in cm^2/g
Mittelwerte aus drei Einzelmessungen
Fehler der Einzelmessung 3%

Fraktion µm	Spiegelglas	Flaschenglas	Kristallglas	Geräteglas	Mittelwert
63– 90	660	745	715	940	765 ± 8%
90–125	430	530	465	680	525 ± 11%
125–250	375	365	300	440	370 ± 8%
250–500	178	179	157	210	180 ± 6%
315–500	143	155	121	175	148 ± 8%
Dichte [g/cm³]	2,524	2,529	2,959	2,423	

Tab. 5 Spezifische Oberflächen in cm^2/cm^3

Fraktion µm	Spiegelglas	Flaschenglas	Kristallglas	Geräteglas	Mittelwert
63– 90	1670	1885	2110	2280	1985 ± 6%
90–125	1085	1350	1375	1660	1365 ± 9%
125–250	950	920	885	1070	955 ± 4%
250–500	450	455	465	515	470 ± 3%
315–500	360	395	360	430	385 ± 5%

Tab. 6 Adsorptionskonstanten C der einzelnen Grieße

Fraktion µm	Spiegelglas	Flaschenglas	Kristallglas	Geräteglas	Mittelwert
63– 90	15	17	21	20	18
90–125	22	21	16	23	20
125–250	31	17	26	32	26
250–500	15	71	22	28	22
315–500	16	19	32	31	24
Mittelwert	20	18	23	26	22

3.5.2 Teilchenauszählungen

Tab. 7   Teilchenzahl $N_g \cdot 10^{-5}$ in 1/g

Fraktion μm	Spiegelglas	Flaschenglas	Kristallglas	Geräteglas	Mittelwert
63– 90	16,5	17,0	17,8	16,9	17,1 ± 2,8%
90–125	5,0	5,1	4,3	5,5	5,0 ± 1,3%
125–250	1,27	1,25	1,02	1,31	1,21 ± 1,3%
250–500	0,156	0,187	0,159	0,169	0,167 ± 2,9%
315–500	0,084	0,095	0,072	0,099	0,087 ± 4,1%

Tab. 8   Teilchenzahl $N_v \cdot 10^{-5}$ in 1/cm³

Fraktion μm	Spiegelglas	Flaschenglas	Kristallglas	Geräteglas	Mittelwert
63– 90	41,6	44,0	46,3	41,0	43,2 ± 2,8%
90–125	12,7	13,0	12,7	13,4	12,9 ± 1,3%
125–250	3,20	3,18	3,01	3,17	3,14 ± 1,3%
250–500	0,39	0,44	0,44	0,41	0,42 ± 2,9%
315–500	0,21	0,24	0,21	0,24	0,22 ± 4,1%

3.5.3 Ergebnisse der Korngrößenanalyse

Tab. 9   Geometrisch mittlerer Korndurchmesser d_g in μm

Fraktion μm	Spiegelglas	Flaschenglas	Kristallglas	Geräteglas	Mittelwert
63– 90	85	87,5	84,5	90	87 ± 1,5%
90–125	125	120	120	118	121 ± 1 %
125–250	195	211	212	216	208 ± 2,4%
250–500	410	425	428	445	427 ± 1,6%
315–500	446	465	450	475	458 ± 1,5%

Tab. 10   Streuung (Dispersion) der Kornverteilungen

Fraktion μm	Spiegelglas	Flaschenglas	Kristallglas	Geräteglas	Mittelwert
63– 90	1,21	1,16	1,16	1,18	1,18 ± 1,1%
90–125	1,18	1,21	1,25	1,19	1,21 ± 1,2%
125–250	1,20	1,22	1,22	1,19	1,21 ± 0,5%
250–500	1,24	1,21	1,22	1,20	1,22 ± 0,7%
315–500	1,20	1,22	1,23	1,21	1,22 ± 0,6%

$$s_g = 1{,}21 \pm 1\%$$

3.5.4 Oberflächen-, Volumen- und Kornformfaktoren

Tab. 11   Kornfaktoren der einzelnen Gläser, gemittelt aus den Werten der Fraktionen

	Spiegelglas	Flaschenglas	Kristallglas	Geräteglas
α	6,36	6,03	6,16	6,96
β	0,359	0,312	0,323	0,307
γ	17,65	19,54	19,64	22,88

Tab. 12   Kornfaktoren der einzelnen Fraktionen, gemittelt aus den vier Gläsern

Fraktion μm	β	γ	α
63– 90	0,305	18,44	5,62
90–125	0,373	17,95	6,77
125–250	0,302	21,79	6,54
250–500	0,258	22,07	5,49
315–500	0,388	19,40	7,47
Mittelwert	0,325	19,93	6,37
$m_{\bar{x}}$	$\pm\,4\%$	$\pm\,4\%$	$\pm\,6\%$

3.6 Graphische Darstellung der Ergebnisse

3.6.1 Zusammenhang zwischen spezifischer Oberfläche und Korngrößenanalyse

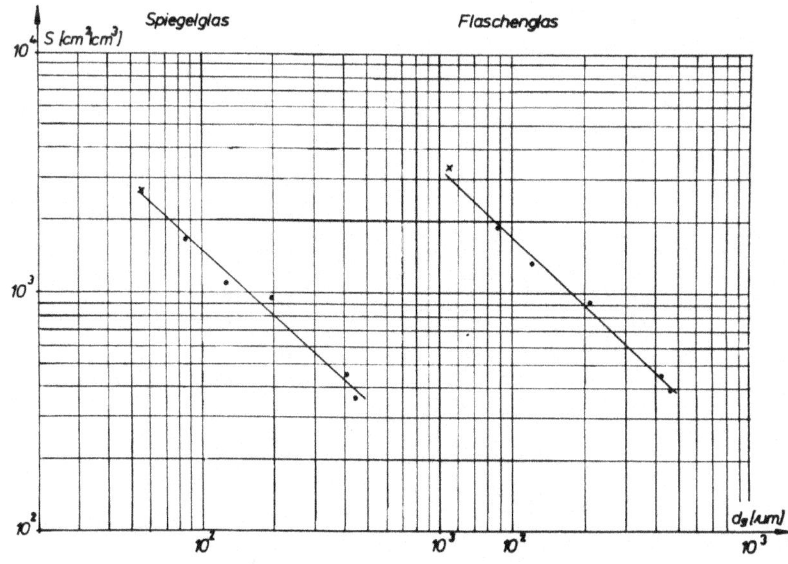

Abb. 10   Einzelwerte
Die mit × gekennzeichneten Werte wurden aus der Arbeit ŽAGAR/ARLT [2]
entnommen

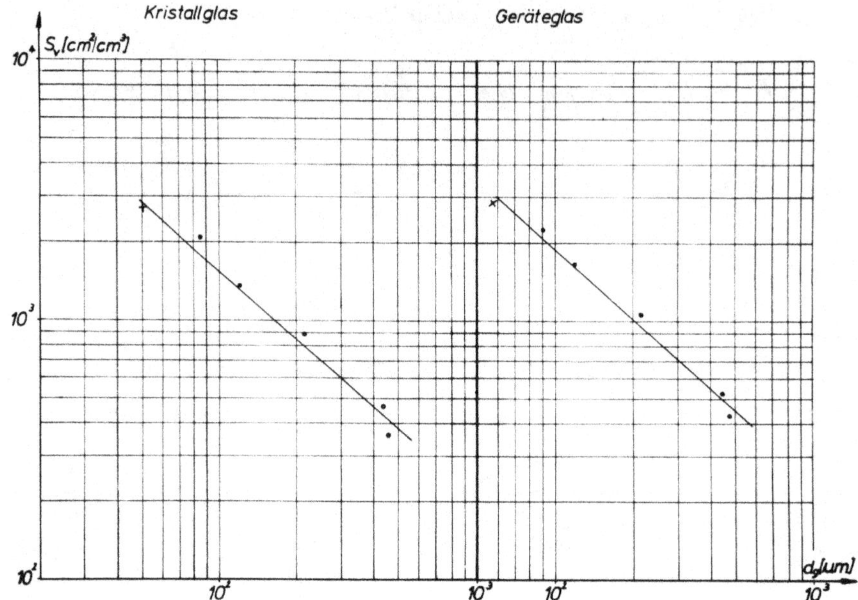

Abb. 11   Einzelwerte

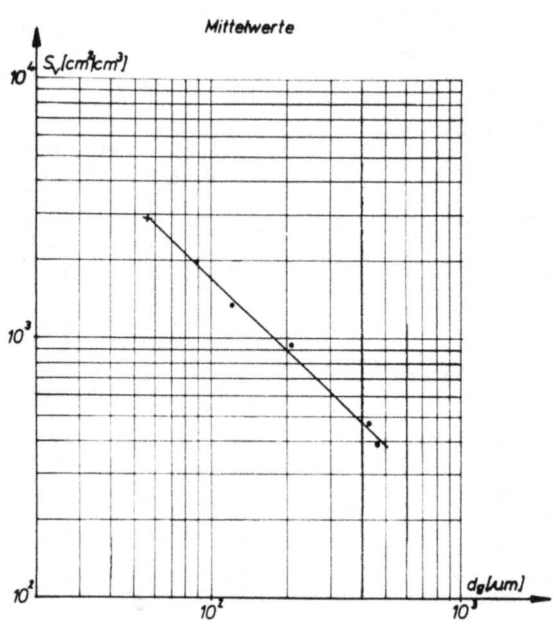

Abb. 12   Spezifische Oberfläche S_v als Funktion des geometrisch
mittleren Korndurchmessers d_g
Mittelwerte der vier Gläser

3.6.2 Zusammenhang zwischen Teilchenzahl und Korngröße

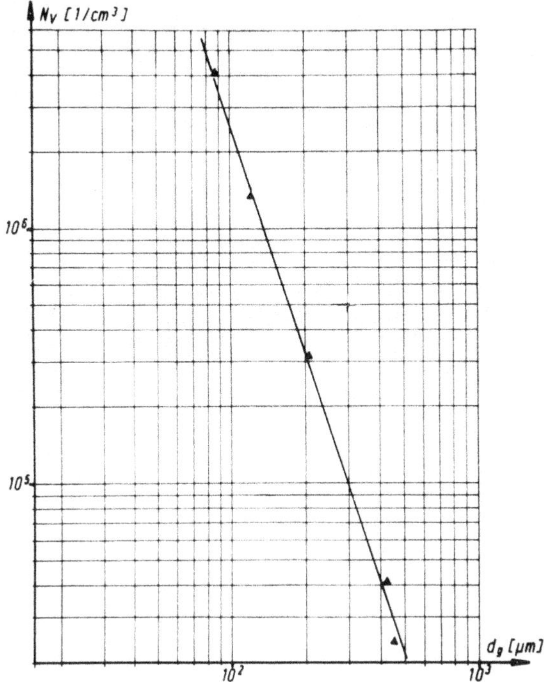

Abb. 13 Teilchenzahl/cm³ N_v als Funktion des geometrisch
mittleren Korndurchmessers d_g
Mittelwerte der vier Gläser

3.6.3 Zusammenhang zwischen Oberfläche und Teilchenzahl

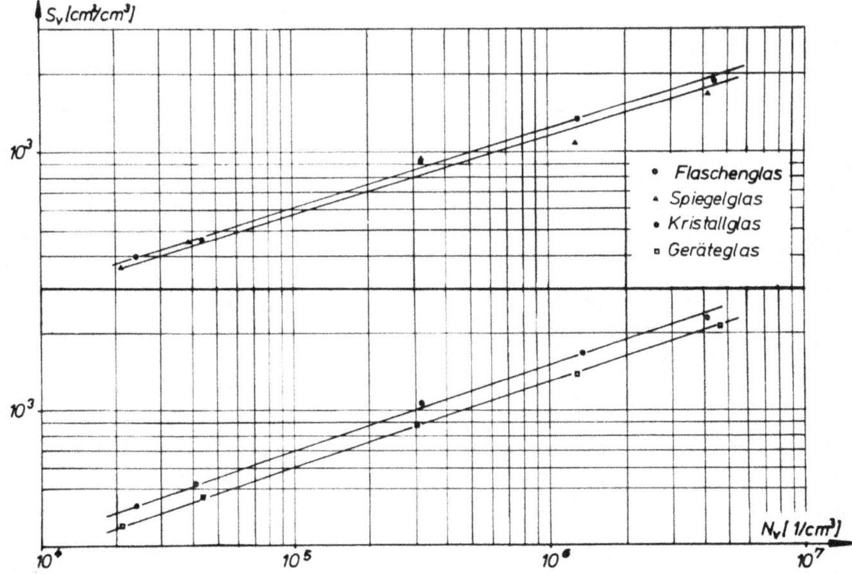

Abb. 14 Spezifische Oberfläche S_v als Funktion der Teilchenzahl N_v
Einzelwerte

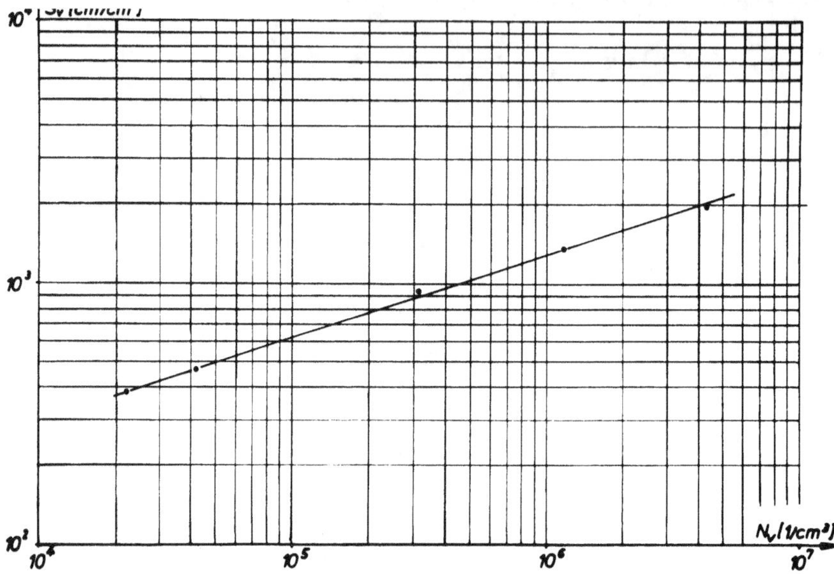

Abb. 15   Mittelwerte

4. Diskussion der Meßergebnisse

4.1 Oberflächenmessungen

Die in den Tab. 4 und 5 (S. 19) angegebenen Werte für die spezifischen Oberflächen sind in den drei ersten Fraktionen auf 5 bzw. 10 aufgerundet. Da die angegebenen Mittelwerte aus drei Einzelmessungen mit einem mittleren Fehler von ca. 2% behaftet sind, sind die Unterschiede, die sich zwischen den Werten der einzelnen Gläser innerhalb einer Fraktion ergeben, deutlich vorhanden.

Bildet man die Mittelwerte für die einzelnen Fraktionen, so ergibt sich für diese eine mittlere Streuung von ca. 8%, also deutlich außerhalb der Fehlergrenze. Läßt man das Geräteglas aus der Mittelwertbildung heraus, so ergibt sich eine Verringerung der Streuung auf die Hälfte nur in den beiden ersten Fraktionen; in den anderen Fraktionen wird die Streuung nur geringfügig verkleinert.

Das Bild ändert sich, wenn man die Oberflächenwerte als S_v in cm²/cm³ betrachtet und den Einfluß der unterschiedlichen Glasdichte ausschaltet; erst dann können die Gläser miteinander verglichen werden. Die durchschnittliche Streuung von 8% der S_g-Werte verringert sich auf 5%. Läßt man hier nun auch das Geräteglas bei der Mittelwertbildung weg, so ergibt sich, daß die groben Fraktionen einen Mittelwert erhalten, dessen mittlere Streuung zwischen 1 und 3% liegt. Die Grieße dieser Fraktionen sind als gleich anzusehen, wie das auch die Einzelwerte andeuten. Das Geräteglas liegt deutlich über den Werten der anderen drei Gläser. Die Werte aus der Teilchenzählung und der geometrisch mittlere Korndurchmesser zeigen keine bemerkenswerte Abweichung im Vergleich mit den anderen drei Gläsern. Es ist möglich, daß kleinere Verschiebungen im Kornspektrum, die mit den statistischen Methoden nicht mehr erfaßt werden, zu unterschiedlichen Adsorptionsoberflächen führen.

Die hier ermittelten Oberflächen der Fraktion 315–500 μm liegen in dem Bereich, der von anderen Autoren [12, 28, 47] für derartige Glasgrieße ermittelt wurde.

4.2 Betrachtung der Adsorptionskonstanten

Berechnet man die Adsorptionskonstante C aus dem Steigungsmaß b und dem Ordinatenabschnitt a der BET-Geraden, so ergibt sich ein uneinheitliches Bild (Tab. 6, S. 19). Ein Gang mit größerwerdenden Fraktionen ist nicht zu erkennen. Der Wert 71 für die Fraktion 250–500 des Flaschenglases stammt aus Vorversuchen, bei denen dieser Grieß längere Zeiten (insgesamt mehrere Tage) bei einer höheren Ausheiztemperatur als den üblichen 200°C behandelt worden war, weil der Ofen zu diesem Zeitpunkt noch keine Temperatur unter 260°C zuließ. Dieser Wert wurde daher aus der Mittelwertbildung ausgelassen. Es ergibt sich ein durchschnittlicher C-Wert von 22. Die Einzelwerte streuen mehr oder weniger weit ohne erkennbares System um diesen mittleren Wert. Dieser C-Wert liegt an der unteren Grenze der in der Literatur [30] angegebenen Spanne für C von 20 bis 80 für das System Krypton/Glas. Sie erfüllen aber alle die Bedingung von LOCKE [48], nach der ein C-Wert von 9 die unterste Grenze für die Auswertung einer Adsorptionsisotherme nach der BET-Methode darstellt. Der hier ermittelte mittlere C-Wert liegt unter dem von H. SCHLOTER [28] für Krypton/Glas gefundenen Wert von 33 für eine Ausheiztemperatur von 200°C. Es ist hierbei zu berücksichtigen, daß die Ausheizzeit im allgemeinen nur 14 gegenüber 20 Stunden betrug.

Betrachtet man die Gesamtwerte für die einzelnen Gläser, so zeigt sich, daß mit größerwerdender Oberfläche auch die C-Werte ansteigen, wenn man von dem geringfügig abweichenden Flaschenglas absieht. Aber große spezifische Oberflächen führen immer zu einer BET-Geraden, die die Ordinate nahe am Nullpunkt schneidet und durch den geringen Wert des Achsenabschnitts a zu einem großen C-Wert führt.

Messungen der Zeitdauer bis zum Erreichen des ersten Adsorptionsgleichgewichtes zeigten keinen Zusammenhang mit C, obwohl der erste Adsorptionspunkt maßgebend für den Achsenabschnitt a ist. Bei gleichbleibenden eingebrachten Oberflächen und damit auch gleichbleibenden Steigungsmaßen beeinflußt der erste Punkt daher die Größe von a. Die Einstellzeiten verringerten sich von 3 bis 6 Stunden für den ersten Punkt der Isotherme bis auf max. 10 Minuten für alle folgenden Adsorptionspunkte. Dies spricht für Mehrschichtenadsorption, d. h. neu hinzukommende Gasatome lagern sich nicht auf noch freie Glasoberfläche an, sondern an bereits adsorbierte Kryptonatome. Der erste Adsorptionspunkt lag in einem Gebiet zwischen 50 und 70% des Wertes für die monomolekulare Bedeckung; es war beim zweiten und dritten Adsorptionspunkt noch immer freie Glasoberfläche vorhanden. Dies scheint dafür zu sprechen, daß die Kondensationsenergie größer ist als die Adsorptionsenergie.

4.3 Teilchenzahlen

Zum Vergleich der Gläser wurde die ermittelte Teilchenzahl/g der Tab. 7 (S. 20) in Teilchenzahl/cm³ umgerechnet. Die Einzelwerte innerhalb einer Fraktion schwanken mit einigen Prozent um einen Mittelwert. Diese Schwankung ist kaum größer als der relative Fehler einer Einzelmessung (Tab. 3, S. 16). Die Teilchenzahl pro Volumeneinheit innerhalb einer Fraktion ist als konstant anzusehen.

4.4 Korngrößenanalyse

Der geometrisch mittlere Korndurchmesser (Tab. 9, S. 20) ist ebenfalls für die einzelnen
Fraktionen als eine Konstante anzusehen. Die Schwankungen um den Mittelwert sind
hier auch kaum größer als der Fehler in der Reproduzierbarkeit der Einzelmessung. Vergleicht man die einzelnen Gläser miteinander, so kann man das Spiegelglas an die untere
Grenze und das Geräteglas an die obere Grenze des Schwankungsbereiches legen.
Die Breite der Kornverteilungen zeigen die Werte für die Dispersion s_g in Tab. 10 (S. 20).
Die Breite des Kornspektrums ist für alle Grieße die gleiche.
Trägt man die Teilchenzahl/cm³ gegen den geometrisch mittleren Korndurchmesser d_g
im doppelt logarithmischen Netz auf, so ergibt sich eine Gerade (Abb. 13, S. 23). Auf
ihrer Verlängerung liegt der Wert für die gleichen Gläser in der Fraktion 33–63 µm der
Arbeit ŽAGAR/ARLT [2]; der aus dieser Geraden ermittelte Volumenfaktor β' aus der

Gleichung $N_v = \dfrac{1}{\beta'} \cdot d_g^{-3}$ beträgt 0,380 gegenüber 0,325 für β, berechnet nach der

Gleichung von HATCH und CHOATE in Tab. 12 (S. 21).

4.5 Kornfaktoren

In der Tab. 12 sind die Oberflächen-, Volumen- und Kornformfaktoren für die einzelnen
Fraktionen aufgeführt. Ein Gang mit größerwerdenden Fraktionen ist bei diesen Kornfaktoren nicht zu erkennen. In den für die Einzelgläser zusammengefaßten Werten der
Tab. 11 (S. 21) zeigen der Oberflächen- und folglich auch der Kornformfaktor für das
Geräteglas auf Grund der höheren spezifischen Oberfläche einen höheren Wert als die
drei anderen Gläser. Berechnet man γ' ohne Berücksichtigung der Dispersion s_g aus den
Produkten $S_v \cdot d_g$, so ergeben sich für die Reihe Spiegel-, Flaschen-, Kristall- und
Geräteglas folgende Werte:

16,16   17,94   17,84   21,31   Mittelwert 18,31

Hier kommt ebenso deutlich zum Ausdruck, daß das Geräteglas über den Werten der
anderen Gläser liegt. Ohne Geräteglas läge der Mittelwert für $S_v d_g$ bei 17,3. Berechnet
man diesen Wert aus [2] für die 25 technischen Gläser der Fraktion 33–63, so ergibt sich
16,78; für die Kalk–Natron-Gläser von [4] ergibt sich 16,20. Daß das Geräteglas mit
seinen Werten über den mittleren Werten der anderen Gläser liegt, während es in der
Untersuchung [2] darunter lag, könnte man dadurch erklären, daß das benutzte Ausgangsmaterial unter unterschiedlichen Spannungszuständen gestanden haben kann. Betrachtet man jetzt noch einmal die Werte der Korndurchmesser, so zeigt sich, daß die
Lage an der oberen Grenze des Schwankungsbereiches auf ein längeres Korn mit einer
stärkeren Anisometrie und mit einer größeren Oberfläche hindeutet, was dann zu
höheren Kornformfaktoren führt, ohne daß sich wie bei isometrischen Teilchen die
Erhöhung von d in einer kleineren Oberfläche bemerkbar macht.
Generell kann man zu den Kornfaktoren sagen, daß ein Gang dieser Parameter mit
größerwerdenden Körnern nicht zu erkennen ist, daß eine Abhängigkeit dieser Daten
von der chemischen Zusammensetzung nicht gegeben erscheint, daß also die früher
geäußerte Vermutung [2] sich nicht bestätigt hat.

4.6 Die graphischen Darstellungen

Die spezifische Oberfläche als Funktion des geometrischen Korndurchmessers ist in den
Abb. 10–12 (S. 21 und 22) dargestellt. Die Auftragung erfolgte im doppelt logarithmischen Netz, in dem die Funktion $S_v = \gamma' \cdot d_g^{-1}$ zu einer Geraden wird. Die Werte für

die Fraktion 33–63 µm der gleichen Gläser wurden aus [2] übernommen (mit x gekennzeichnete Werte) und in die Ausgleichsrechnung für die Gerade mit einbezogen. Die Geraden für Spiegel-, Kristall- und Flaschenglas decken sich, während das Geräteglas entsprechend seinen Werten darüber liegt. Die Darstellung im doppelt logarithmischen Maßstab verkleinert naturgemäß die Abweichungen, zeigt aber das oben Gesagte, nämlich daß in der Oberflächenausbildung kein Unterschied zwischen feinen und groben Körnungen gemacht werden kann. Die graphische Darstellung zeigt auch, daß die eingezeichnete Gerade extrapoliert werden kann, und man gröbere oder feinere Körnungen als die hier untersuchten mindestens in der Größenordnung ihrer Adsorptionsoberfläche berechnen kann. Voraussetzung ist eine Körnungsanalyse, die aber mit dem Endter-Zähler schneller durchgeführt ist als die Aufnahme einer Adsorptionsisotherme. Die Auszählung von 10^3 Teilchen, die notwendig sind, dauert ca. ½ Stunde. Der Fehler in der berechneten Oberfläche dürfte gemäß den Schwankungen der hier ermittelten Einzelwerte in einer Fraktion bei max. $\pm$ 10% liegen.

Die Abhängigkeit der spezifischen Oberfläche S_v von der Teilchenzahl/cm³ ist in Abb. 14 und 15 (S. 23 und 24) ersichtlich. Die Geraden haben die allgemeine Gleichung $S_v = f \cdot N_v^{-3}$. Berechnet man » f « aus dieser Beziehung, so ergibt die Gesamtmittlung über alle Werte 13,18. Der mittlere Fehler beträgt $\pm$ 2,6%, ermittelt aus dem Streubereich der Fraktionen. Bei den einzelnen Geraden fällt auf, daß nur das Spiegelglas stark streuende Punkte aufweist ($\pm$ 6,5%, die übrigen Gläser 3 bis 1%). Da die Teilchenzahl mit der der anderen Gläser übereinstimmt, ist die Abweichung auf unterschiedliche Oberflächen zurückzuführen. Da die entsprechenden Werte von S_v aber nur mit Fehlern von 0,4 und 1% behaftet sind, muß dieser Widerspruch offenbleiben, wenn man nicht doch eine nicht meßbare Verschiebung der Kornspektren dafür verantwortlich machen will.

Für die technischen Gläser 1–25 von [2] in der Fraktion 33–63 µm erhält man 13,16 als Wert für » f «, den man möglicherweise »Flächenzahlfaktor« nennen könnte. Der Wert von f zeigt, wie es physikalisch sinnvoll ist, daß die Oberfläche direkt von der Anzahl der Körner abhängt.

Für die überschlägige Ermittlung der spezifischen Oberfläche bietet sich also die Teilchenzählung an; es ist hierzu nur geringer Aufwand an Gerät und Zeit nötig. Die Berechnung der spezifischen Oberfläche aus der Teilchenzahl erbringt einen Wert, der mit einer Abweichung von $\pm$ 10% dem Oberflächenwert einer Adsorptionsmessung entspricht. Für die genaue Bestimmung der spezifischen Oberfläche ist die Adsorptionsmethode der bessere und bequemere Weg.

Zusammenfassung

Von vier technischen Gläsern wurden Grieße in Fraktionen zwischen 60 und 500 µm nach der Herstellungsvorschrift der DIN 12111 hergestellt.

Zur Messung der spezifischen Oberfläche dieser Grieße mußte eine Kryptonadsorptionsapparatur entwickelt werden.

Weiterhin wurden an den Grießen die granulometrischen Analysen erstellt und die Teilchenzahl pro Volumeneinheit bestimmt.

Die aus diesen Versuchsergebnissen berechneten statistischen Parameter für die Rauhigkeit der Oberfläche und Gestalt der Teilchen zeigten keine Abhängigkeit von der Dispersität.

Es ist auf geringe Unregelmäßigkeiten bei der Herstellung von Grießen zurückzuführen, daß die spezifischen Oberflächen innerhalb einer Fraktion Schwankungen zeigen, die außerhalb der Meßgenauigkeit liegen. Diese Schwankungen werden bei der Grieß-herstellung nach DIN 12111 unvermeidlich.

Die vorliegenden Ergebnisse haben gezeigt, daß es mit verhältnismäßig geringen Labor-mitteln möglich ist, kleine spezifische Oberflächen reproduzierbar zu messen.

Die Konstanz der statistischen Parameter ermöglicht aber auch die Berechnung der spezifischen Oberfläche für eine erste Orientierung.

Die Frage nach der Abhängigkeit der spezifischen Oberfläche von der chemischen Zu-sammensetzung muß noch offenbleiben, solange nicht eine gleichmäßige, fehlerfreie Handhabung bei der Grießherstellung gewährleistet ist, und solange die Ausgangs-materialien nicht genau gleich sind.

Literaturverzeichnis

[1] DIN 12111, 1962.
[2] ŽAGAR, L., und U. ARLT, Glast. Ber. **40** (1967), 463.
[3] Siebgewebeverzeichnis der Fa. Haver & Boecker 1959. Siehe auch DIN 4188, 1969.
[4] ŽAGAR, L., und G. KRAUSE, Forschungsber. des Landes NRW Nr. 1718, 1966.
[5] FISCHER, E., und W. TEPOHL, Glast. Ber. **6** (1928), 532.
[6] BRUNAUER, S., P. H. EMMETT und E. TELLER, J. Am. Chem. Soc. **60** (1938), 309.
[7] MOLL, W. L. H., Koll. Zt. **138** (1954), 114.
[8] GREGG, S. J., und K. S. W. SING, Adsorption, Surface Area and Porosity. 1967, Academic Press, London.
[9] NELSEN, F. M., und F. T. EGGERTSEN, Anal. Chem. **30** (1958), 1387.
[10] CREMER, E., und H. HUCK, Glast. Ber. **37** (1964), 511.
[11] SEWELL, P. A., Glass Techn. **8** (1967), 108.
[12] SEWELL, P. A., Glass Techn. **10** (1969), 9.
[13] FRISCH, B., und M. RÖPER, Kolloid.-Z. **223** (1968), 150.
[14] WOOTEN, L. A., und C. BROWN, J. Am. Cer. Soc. **65** (1943), 113.
[15] BEEBE, R. A., J. B. BECKWITH und J. M. HONIG, J. Am. Chem. Soc. **67** (1945), 1554.
[16] CHÈNEBAULT, P., und A. SCHÜRENKÄMPER, J. Phys. Chem. **69** (1965), 2300.
[17] AYLMORE, D. W., und W. B. JEPSON, J. sc. Instr. **38** (1961), 156.
[18] DAVIS, R. T., T. W. DEWITT und P. H. EMMETT, J. Phys. Chem. **51** (1947), 1232.
[19] ZETTLMOYER, A. C., A. CHAND und E. GAMBLE, J. Am. Chem. Soc. **72** (1950), 2754.
[20] BLOECHER, JR. F. W., Mining Engineering **4** (1951), 225.
[21] ROSENBERG, A. J., J. Am. Chem. Soc. **78** (1956), 2929.
[22] HAUL, R. A., Angew. Chem. **68** (1956), 238.
[23] FISHER, B. B., und M. G. McMILLAN, J. Chem. Phys. **28** (1958), 549.
[24] MALDEN, P. J., und J. D. F. MARSH, J. Phys. Chem. **63** (1959), 1309.
[25] KNOLL, P., Dissertation Frankfurt, 1960.
[26] SING, K. S. W., und D. SWALLOW, J. appl. Chem. **10** (1960), 171.
[27] BERGMANN, J., und M. S. PATTERSON, J. appl. Chem. **11** (1961), 369.
[28] SCHLOTER, H., Dissertation Frankfurt, 1962.
[29] BERGMANN, J., J. appl. Chem. **13** (1963), 356.
[30] SING, K. S. W., und D. SWALLOW, Proc. Brit. Ceram. Soc. No. 5 (1965), 39.
[31] KEESON, W. H., J. MAZUR und J. J. MEIHEUIZEN, Physica II (1935), 669.
[32] MEIHEUIZEN, J. J., und C. A. CROMMELIN, Physica IV (1937), 1.
[33] CHU LIANG, S., J. appl. Phys. **22** (1951), 148.
[34] CHU LIANG, S., J. phys. Chem. **57** (1953), 910.
[35] MICHELS, A., T. WASSENAR und T. N. ZWIETERING, Physica **18** (1952), 63.
[36] MARK, B., P. FREEMAN und J. D. HALSEY JUN., J. phys. Chem. **60** (1956), 1119.
[37] SCHLITT, H., Z. angewandte Physik **8** (1956), 216.
[38] FISHER, B. B., und W. G. McMILLAN, J. phys. Chem. **62** (1958), 494.
[39] GRÜTTER, A., und J. C. SHORROCK, Nature **204** (1964), 1084.
[40] HAYNES, J. M., J. phys. Chem. **66** (1962), 182.
[41] ŽAGAR, L., Sprechsaal **93** (1960), 581.
[42] Mündliche Mitteilungen von P. HACKENBERG und J. BLUMBACH.
[43] ŽAGAR, L., Koll. Z. **100** (1953), 1.
[44] HATCH, T., und S. P. CHOATE, J. Franklin Inst. **207** (1929), 369.
[45] WIEGEL, E., Glast. Ber. **30** (1957), 363.
[46] SYKES, R. F. R., Glass Techn. **6** (1965), 178.
[47] ŽAGAR, L., und A. SCHILLMÖLLER, Glast. Ber. **33** (1960), 109.
[48] LOCKE, W. J., J. phys. Chem. **51** (1947), 644.

Forschungsberichte
des Landes Nordrhein-Westfalen

Herausgegeben im Auftrage des Ministerpräsidenten Heinz Kühn
und des Ministers für Wissenschaft und Forschung Johannes Rau
von Leo Brandt

Sachgruppenverzeichnis

Acetylen · Schweißtechnik
Acetylene · Welding gracitice
Acétylène · Technique du soudage
Acetileno · Técnica de la soldadura
Ацетилен и техника сварки

Arbeitswissenschaft
Labor science
Science du travail
Trabajo científico
Вопросы трудового процесса

Bau · Steine · Erden
Constructure · Construction material ·
Soil research
Construction Matériaux de construction ·
Recherche souterraine
La construcción · Materiales de construcción ·
Reconocimiento del suelo
Строительство и строительные материалы

Bergbau
Mining
Exploitation des mines
Minería
Горное дело

Biologie
Biology
Biologie
Biologia
Биология

Chemie
Chemistry
Chimie
Quimica
Химия

Druck · Farbe · Papier · Photographie
Printing · Color · Paper · Photography
Imprimerie · Couleur · Papier · Photographie
Artes gráficas · Color · Papel · Fotografía
Типография · Краски · Бумага · Фотография

Eisenverarbeitende Industrie
Metal working industry
Industrie du fer
Industria del hierro
Металлообрабатывающая промышленность

Elektrotechnik · Optik
Electrotechnology · Optics
Electrotechnique · Optique
Electrotécnica · Optica
Электротехника и оптика

Energiewirtschaft
Power economy
Energie
Energía
Энергетическое хозяйство

Fahrzeugbau · Gasmotoren
Vehicle construction · Engines
Construction de véhicules · Moteurs
Construcción de vehículos · Motores
Производство транспортных средств

Fertigung
Fabrication
Fabrication
Fabricación
Производство

Funktechnik · Astronomie
Radio engineering · Astronomy
Radiotechnique · Astronomie
Radiotécnica · Astronomía
Радиотехника и астрономия

Gaswirtschaft
Gas economy
Gaz
Gas
Газовое хозяйство

Holzbearbeitung
Wood working
Travail du bois
Trabajo de la madera
Деревообработка

Hüttenwesen · Werkstoffkunde
Metallurgy · Materials research
Métallurgie · Matériaux
Metalurgia · Materiales
Металлургия и материаловедение

Kunststoffe
Plastics
Plastiques
Plásticos
Пластмассы

Luftfahrt · Flugwissenschaft
Aeronautics · Aviation
Aéronautique · Aviation
Aeronáutica · Aviación
Авиация

Luftreinhaltung
Air-cleaning
Purification de l'air
Purificación del aire
Очищение воздуха

Maschinenbau
Machinery
Construction mécanique
Construcción de máquinas
Машиностроительство

Mathematik
Mathematics
Mathématiques
Matemáticas
Математика

Medizin · Pharmakologie
Medicine · Pharmacology
Médecine · Pharmacologie
Medicina · Farmacología
Медицина и фармакология

NE-Metalle
Non-ferrous metal
Metal non ferreux
Metal no ferroso
Цветные металлы

Physik
Physics
Physique
Física
Физика

Rationalisierung
Rationalizing
Rationalisation
Racionalización
Рационализация

Schall · Ultraschall
Sound · Ultrasonics
Son · Ultra-son
Sonido · Ultrasónico
Звук и ультразвук

Schiffahrt
Navigation
Navigation
Navegación
Судоходство

Textilforschung
Textile research
Textiles
Textil
Вопросы текстильной промышленности

Turbinen
Turbines
Turbines
Turbinas
Турбины

Verkehr
Traffic
Trafic
Tráfico
Транспорт

Wirtschaftswissenschaften
Political economy
Economie politique
Ciencias económicas
Экономические науки

Einzelverzeichnis der Sachgruppen bitte anfordern

Westdeutscher Verlag · Opladen
567 Opladen/Rhld., Ophovener Straße 1–3, Postfach 1620

GPSR Compliance
The European Union's (EU) General Product Safety Regulation (GPSR) is a set
of rules that requires consumer products to be safe and our obligations to
ensure this.

If you have any concerns about our products, you can contact us on

ProductSafety@springernature.com

In case Publisher is established outside the EU, the EU authorized
representative is:

Springer Nature Customer Service Center GmbH
Europaplatz 3
69115 Heidelberg, Germany